思維遊戲大挑戰
恐龍大激戰
日本腦力遊戲書
新雅文化事業有限公司
www.sunya.com.hk

目錄

遊戲玩法

找不同

比較左面和右面的圖畫，從右圖中找出不同之處。

比較上面和下面的圖畫，從下圖中找出不同之處。

找找看

先查閱左面的物件清單，再從圖畫中找出那些東西。

給讀者的小提醒

本書中有一些生物如翼龍、魚龍、蛇頸龍、魚類、爬蟲類、鳥類、昆蟲等，雖然跟恐龍相似，也在恐龍時代生存過，但嚴格來說並不被列入恐龍類。

第1章

開戰了！恐龍大戰！

預賽第1組

　　大家好，我們是恐龍偵察隊！我們特別穿越到遠古恐龍時代，尋找恐龍選手參加「恐龍王者大決戰」，角逐最強王者的寶座！

恐龍偵察隊

1 不同之處有4個
★容易★

異特龍 vs 尼日爾龍

誰勝誰負？

小知識

吃其他動物的肉維生的動物稱為肉食性動物；吃植物維生的稱為草食性動物。

異特龍 Allosaurus

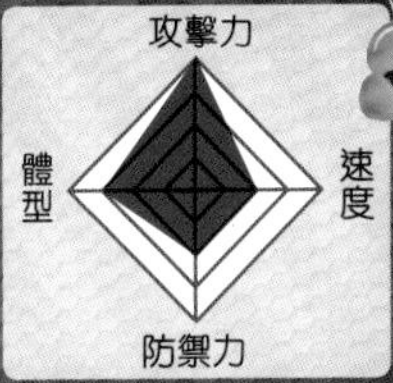

牠的特徵是雙眼上面的突起部分。

VS

尼日爾龍 Nigersaurus

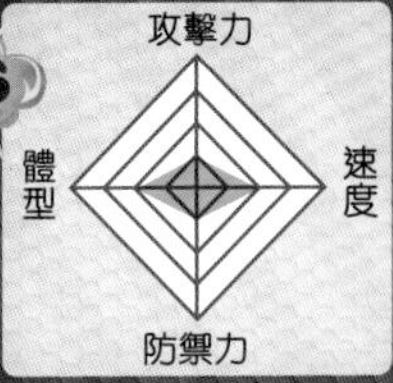

牠的特徵是又扁又直的嘴巴。

答案在第147頁

大戰的勝利者是異特龍！

2 不同之處有 4 個
★容易★

誰勝誰負？

恐爪龍 vs 禽龍

小知識　據說恐爪龍會和同伴聯羣結隊去捕獵啊！

恐爪龍 Deinonychus VS 禽龍 Iguanodon

肉食性

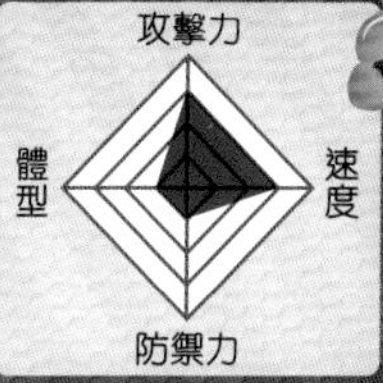

牠的腳上有很尖銳的趾爪！

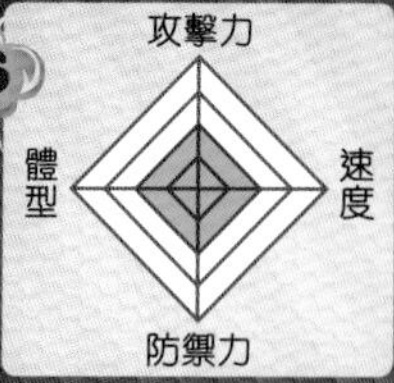

草食性

牠的拇指上有很尖銳的趾爪！

答案在第147頁

大戰的勝利者是恐爪龍！

3 不同之處有5個
★容易★

誰勝誰負？

劍龍 vs 角鼻龍

小知識　據說劍龍背上的骨板能夠變色啊！

草
食
性

牠背上有一列
巨大骨板，尾
巴有尖刺！

劍龍 Stegosaurus

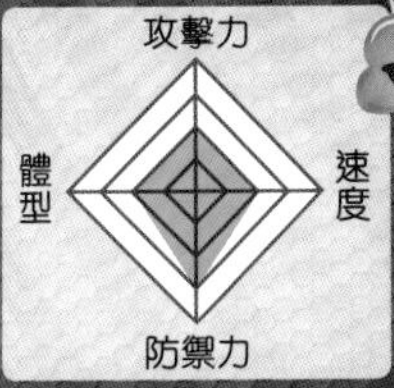
攻擊力
體型
速度
防禦力

角鼻龍 Ceratosaurus

攻擊力
體型
速度
防禦力

肉
食
性

特徵是眼上面的
突起部分和鼻上
的角。

答案在第147頁

大戰的勝利者是劍龍！

4 不同之處有5個
★容易★

預賽第1組

開戰了！恐龍大戰！

誰勝誰負？

梁龍 VS 南方巨獸龍

南方巨獸龍 Giganotosaurus

攻擊力
體型
速度
防禦力

肉食性

牠的特徵是鼻子和眼睛上面凹凸不平。

VS

梁龍 Diplodocus

攻擊力
體型
速度
防禦力

草食性

牠是擁有長頸和長尾巴的巨型恐龍啊！

小知識 據說梁龍也會吃位置很低的植物啊！

答案在第147頁

大戰的勝利者是南方巨獸龍！

5 不同之處有 6 個
★中等★

三角龍 vs 福井盜龍

誰勝誰負？

小知識 福井盜龍是在日本福井縣被發現的恐龍。

三角龍 Triceratops VS 福井盜龍 Fukuiraptor

三角龍 Triceratops

草食性

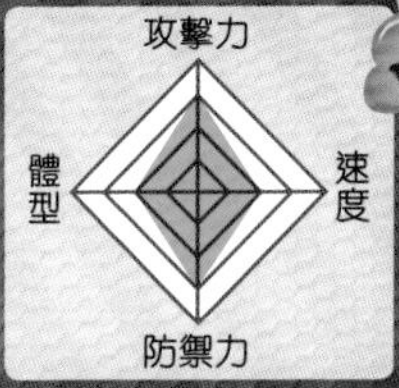

牠會運用頭上三隻大角對抗敵人啊！

福井盜龍 Fukuiraptor

肉食性

牠的前肢有巨大的趾爪啊！

答案在第147頁

大戰的勝利者是三角龍！

6 不同之處有6個
★困難★

誰勝誰負？

青島龍 vs 昆卡獵龍

小知識
青島龍是在中國山東省被發現，並在青島進行研究，因此而得名。

右圖跟左圖是左右相反的！

青島龍 Tsintaosaurus

草食性

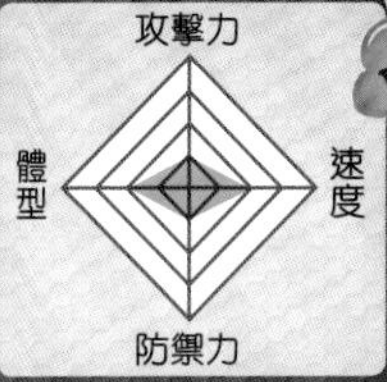
攻擊力
速度
防禦力
體型

頭冠巨大，雄性和雌性的形狀也不相同。

VS

昆卡獵龍 Concavenator

肉食性

攻擊力
速度
防禦力
體型

牠的特徵是臂部上面的突起部分！

答案在第148頁

大戰的勝利者是昆卡獵龍！

7 不同之處有8個
★困難★

預賽第1組

開戰了！恐龍大戰！

誰勝誰負？

似鳥龍 VS 甲龍

甲龍 Ankylosaurus

草食性

牠全身都有堅硬的鎧甲覆蓋着！

VS

似鳥龍 Ornithomimus

雜食性

牠奔跑的速度非常快啊！

小知識

專家推測似鳥龍是雜食性的。雜食性動物就是不論肉類或植什麼都吃的動物。

答案在第148頁

大戰的勝利者是甲龍！

8 要找的東西有 6 個
★中等★

滄龍 vs 雙葉龍

誰勝誰負？

請從右圖找出這 6 個東西！

小知識 據說滄龍可以像蛇一般，把嘴巴張得好大啊！

肉食性

滄龍 Mosasaurus

攻擊力
速度
防禦力
體型

牠是蜥蜴的近親，但在海洋中生活。

雙葉龍 Futabasaurus

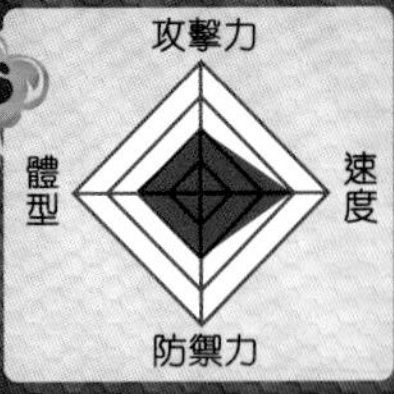
攻擊力
速度
防禦力
體型

肉食性

這種蛇頸龍的化石是在日本被發現的！

答案在第148頁

大戰的勝利者是滄龍！

恐龍大戰 大問答

以下就是在**預賽第 1 組**脫穎而出的恐龍選手，牠們能夠晉身「恐龍王者大決戰」！

咦？有點奇怪！

有一頭輸了的恐龍也混在裏面啊。

你知道哪一頭是輸了的恐龍嗎？

恐龍大戰 附加問題

這些東西在哪裏出現過？

小提示：範圍是第6頁至第21頁之間

答案在第148頁

第2章

好勇猛！恐龍大戰！

預賽第2組

我們恐龍偵察隊的任務，是物色「恐龍王者大決戰」的恐龍選手，並將牠們送到未來參賽！

恐龍偵察隊

1 不同之處有4個 ★容易★

誰勝誰負？

暴龍 vs 戟龍

小知識 暴龍的前肢只有兩根指頭，就是拇指和食指啊！

肉
食
性

暴龍 Tyrannosaurus

攻擊力
體型
速度
防禦力

牠的咬噬能力非常強勁啊！

VS

戟龍 Styracosaurus

攻擊力
體型
速度
防禦力

草
食
性

頭盾上並排的粗刺，好有型！

答案在第148頁

大戰的勝利者是暴龍！

2 不同之處有5個 ★容易★

冰脊龍 vs 厚頭龍

誰勝誰負？

小知識 厚頭龍並不會拿頭頂來當武器啊。

肉食性

冰脊龍
Cryolophosaurus

攻擊力
體型
速度
防禦力

牠的特徵是頭上扇狀的頭冠！

厚頭龍
Pachycephalosaurus

攻擊力
體型
速度
防禦力

草食性

牠的頭頂是半球體，就像香港太空館！

答案在第149頁

大戰的勝利者是冰脊龍！

3 不同之處有6個
★中等★

長頸巨龍 VS 瑪君龍

誰勝誰負？

小知識 專家推測，瑪君龍同類之間有可能會互相殘殺啊！

長頸巨龍 Giraffatitan

牠的脖子好長，會把頭部伸到好高！

VS

瑪君龍 Majungasaurus

頭上有一根小角，好像腫起了一般。

答案在第149頁

大戰的勝利者是長頸巨龍！

4 不同之處有 7 個
★中等★

預賽第 2 組

好勇猛！恐龍大戰！

誰勝誰負？

風神翼龍 VS 雷神翼龍

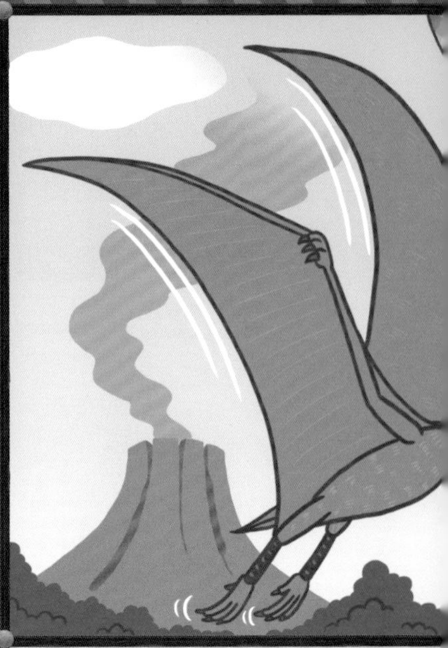

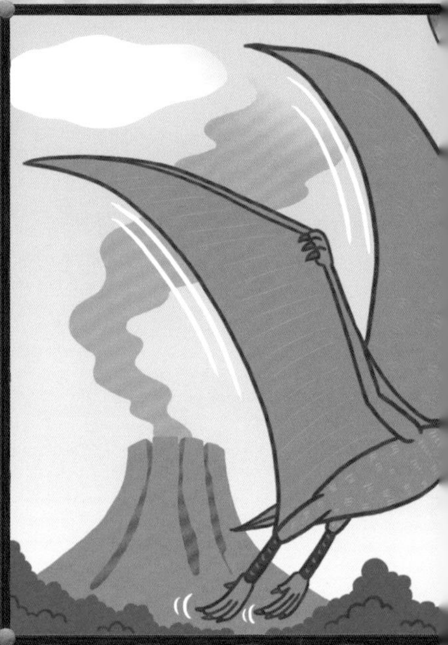

雷神翼龍
Tupandactylus

肉食性

牠的頭冠特別大，就像風帆一般！

VS

風神翼龍
Quetzalcoatlus

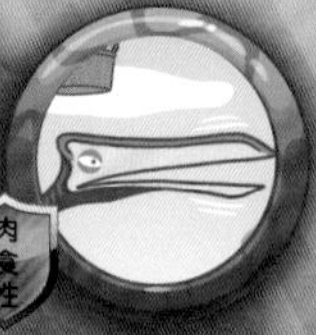

肉食性

牠是體型最大的翼龍之一！

小知識 翼龍類的雙翼由翼膜組成，由前肢連接到後肢，就像現代的蝙蝠！

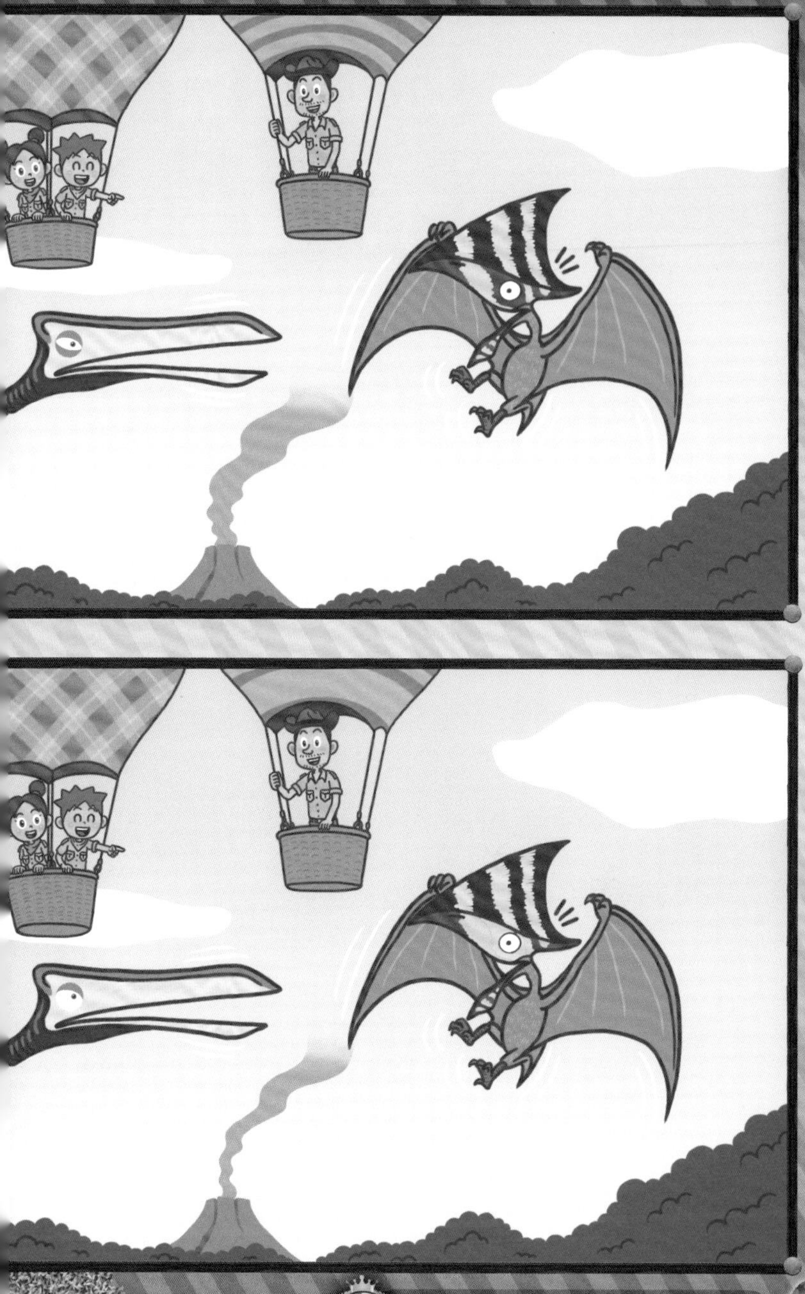

答案在第149頁

大戰的勝利者是風神翼龍！

5 不同之處有7個
★中等★

誰勝誰負？

加斯頓龍 vs 南方盜龍

小知識 南方盜龍的家族，全身都披着羽毛的！

加斯頓龍 Gastonia VS 南方盜龍 Austroraptor

草食性

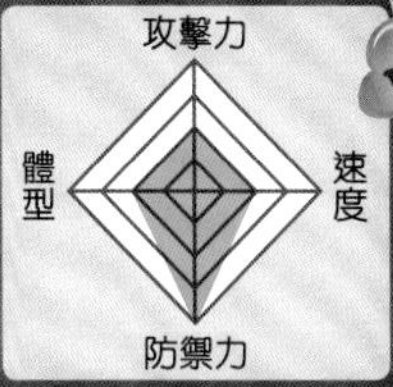
攻擊力
體型
速度
防禦力

背上和肩上的巨大尖刺可以保護身體！

攻擊力
體型
速度
防禦力

肉食性

牠後肢的食指上長有趾爪啊！

答案在第149頁

大戰的勝利者是加斯頓龍！

6 不同之處有 3 個

★容易★

誰勝誰負？

鯊齒龍 vs 釘狀龍

小知識

鯊齒龍頭骨的長度足足有160 厘米啊！

右圖被分成 3 塊，並以不同次序排列起來了。

鯊齒龍
Carcharodontosaurus

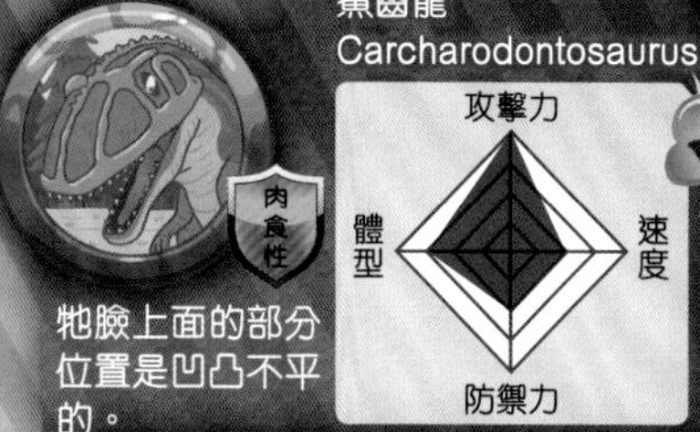

肉食性
攻擊力
體型
速度
防禦力

牠臉上面的部分位置是凹凸不平的。

VS

釘狀龍 Kentrosaurus

草食性
攻擊力
體型
速度
防禦力

牠的特徵是身上長有很多長長的尖刺！

答案在第149頁

大戰的勝利者是[redacted]！

7 不同之處有8個
★困難★

預賽第2組

好勇猛！恐龍大戰！

誰勝誰負？

巨盜龍 VS 阿根廷龍

阿根廷龍
Argentinosaurus

草食性

牠是其中一種體型最大的恐龍！

VS

巨盜龍 Gigantoraptor

雜食性

牠的特徵是手臂和尾巴上長有巨大的羽毛！

小知識 阿根廷龍被發現了的化石不完整，只有少量背椎骨、背肋和後肢的脛骨。

答案在第149頁

大戰的勝利者是阿根廷龍！

8 要找的東西有7個

★中等★

棘龍 vs 阿馬加龍

誰勝誰負？

請從右圖找出這7個東西！

小知識　據說棘龍能夠在地上或水中兩棲生活啊。

棘龍 Spinosaurus

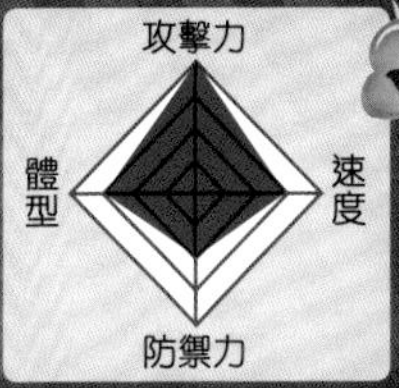

牠背上長有巨大的背帆啊！

VS

阿馬加龍 Amargasaurus

牠脖子上的尖刺，由頭部延伸到背上。

答案在第150頁

大戰的勝利者是棘龍！

恐龍大戰 大問答

以下就是在預賽第 2 組脫穎而出的恐龍選手，

牠們能夠晉身「恐龍王者大決戰」……

呀，又有一些輸了的恐龍
混在裏面了！

你知道哪一頭是輸了的恐龍嗎？

「恐龍王者大決戰」將會由第 113 頁開始！最強的恐龍到底是誰呢？

恐龍大戰 附加問題

這些東西在哪裏出現過？

小提示：範圍是第24頁至第39頁之間

答案在第150頁

第3章

誰是金牌選手？

恐龍奧運會！

恐龍奧運會開幕了！恐龍運動員會在不同比賽項目中互相比試，到底誰是金牌選手呢？

1 不同之處有 4 個
★容易★

賽跑最快！

似鳥龍

小知識

暴龍和三角龍的奔跑速度，大約是時速 25 公里，即是 1 秒可以跑 7 米那麼遠啊！

雜食性

似鳥龍 Ornithomimus

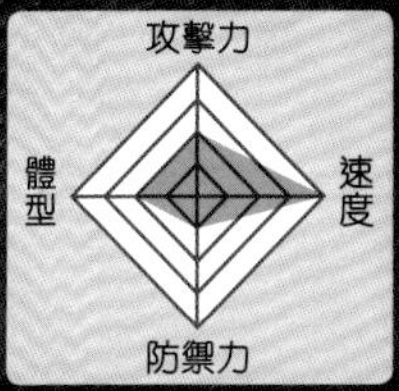

牠在所有恐龍中，奔跑速度是最快的！

似鳥龍的奔跑速度約是時速 65 公里！1 秒可跑 18 米，就像汽車般快！

答案在第150頁

賽跑最快的是似鳥龍！

2 不同之處有 5 個

★容易★

誰是金牌選手？恐龍奧運會！

阿根廷龍 體型最大！

阿根廷龍

Argentinosaurus

草食性

無論是體型和體重都是第一名啊！

專家推斷阿根廷龍的身體長達 35 米啊！

小知識

港鐵行走市區線的列車，一卡車廂大約長 22 米，也及不上阿根廷龍啊！

答案在第150頁

體型最大的是阿根廷龍！

3 不同之處有6個

★中等★

咬噬力最強！
暴龍

小知識 由於暴龍的視力非常好，就算是行動迅速的獵物，牠也可以捕捉得到！

暴龍 Tyrannosaurus

攻擊力
速度
防禦力
體型

牠的咬噬力是鱷魚的 10 倍以上啊！

暴龍的牙齒是鋸齒狀的，就像一把巨大的牛排刀！

答案在第150頁

咬噬力最強的是暴龍！

4 不同之處有 7 個

★中等★

鎧甲最厚！

美甲龍

小知識

美甲龍能夠運用尾巴上的尾槌，擊退前來捕獵的肉食性恐龍啊！

美甲龍 Saichania

草
食
性

攻擊力
速度
防禦力
體型

牠全身都覆蓋了鎧甲啊！

美甲龍的前肢和側腹也有厚重的鎧甲保護着！

答案在第150頁

鎧甲最厚的是美甲龍！

5 不同之處有7個
★困難★

頭腦最聰明！傷齒龍

小知識

傷齒龍的牙齒像鋸齒一樣，能夠進食不同種類的食物。

右圖跟左圖是左右相反的！

雜食性

傷齒龍 Troodon

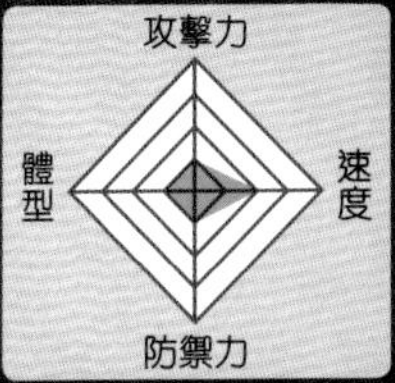

牠的腦袋與身體的相對大小比例非常大啊！

動物的腦部越大，跟身體的相對大小比例越大，就越聰明！

答案在第151頁

頭腦最聰明的是傷齒龍！

6 不同之處有8個

★困難★

誰是金牌選手？恐龍奧運會！

游得最快！滄龍

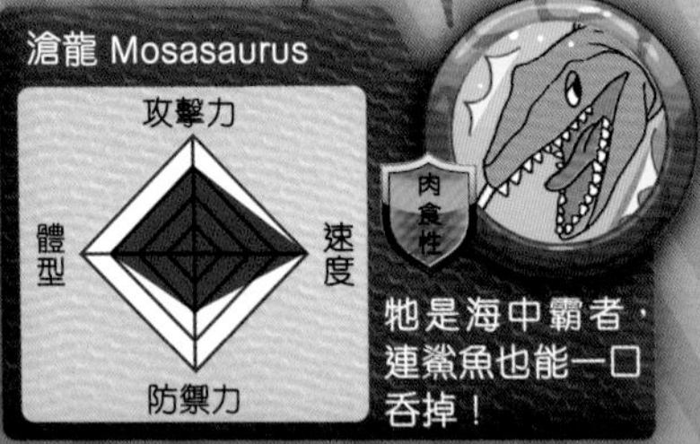
滄龍 Mosasaurus
攻擊力
體型
速度
防禦力
肉食性
牠是海中霸者，連鯊魚也能一口吞掉！

滄龍雖然體型龐大，但游泳的速度卻不比鯊魚遜色！

小知識 專家推斷，滄龍甚至能捕獵貼近海面飛行的翼龍啊！

答案在第151頁

游得最快的是滄龍！

7 要找的東西有7個
★中等★

飛得最高最遠！
風神翼龍

請從右圖找出這7個東西！

小知識

專家推斷，風神翼龍能一次也不休息飛越半個地球的距離啊！

風神翼龍
Quetzalcoatlus

牠是體型最大的翼龍之一！

風神翼龍這些翼龍的骨頭是中空的，所以牠們的體重十分輕啊！

飛得最高最遠的是風神翼龍！

答案在第151頁

8 迷宮

★容易★

誰能到達場館呢？

暴龍 VS 三角龍

棘刺龍

小知識 棘刺龍會把嘴裏的植物一口吞下啊！

棘刺龍
Spinophorosaurus

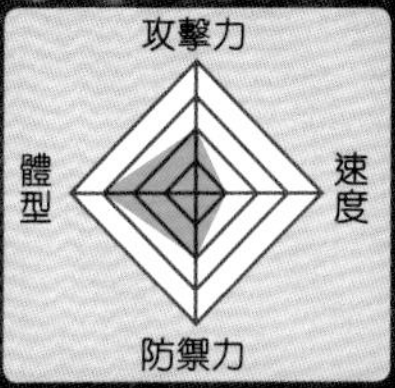

特徵是長脖子，還有尾巴末端的尖刺！

迷宮的遊玩方法

請沿着路線行走，找出三隻恐龍中，哪一隻能到達場館。

答案在第151頁

棘刺龍的身體約有13米長啊！

誰是金牌選手？大問答

賽跑、體型、飛行……看來大家已經知道各項目的金牌選手是哪一頭恐龍了。

那就來考考你！

以下這恐龍是哪方面最強的呢？

1 賽跑　2 體型　3 咬噬力　4 鎧甲　5 智商

誰是金牌選手？附加問題

這些東西在哪裏出現過？

小提示：範圍是第42頁至第57頁之間

答案在第151頁

第4章

誰是最厲害？驚奇恐龍調查隊！

一羣恐龍在城市出現了！牠們身上都擁有有趣的特徵，吸引到恐龍愛好三人組前往調查！

1 不同之處有5個
★容易★

前齒好厲害！

惡龍

小知識 惡龍修長的身體令牠能敏捷地行動。

肉食性

惡龍 Masiakasaurus

攻擊力
速度
防禦力
體型

牠前端的牙齒，是伸出嘴巴以外的！

惡龍能夠運用牠凸出的前齒，像叉子那樣抓魚啊！

答案在第152頁

凸出的前齒很厲害，牠就是惡龍！

2 不同之處有6個
★中等★

誰是最厲害？
驚奇恐龍調查隊！

馬門溪龍

脖子好長
好長啊！

馬門溪龍
Mamenchisaurus

攻擊力
體型
速度
防禦力

草食性

單是脖子的長度已佔了身體的一半。

馬門溪龍的化石最初是在中國四川省被發現的！

小知識 一輛單層巴士的長度大約為 10 米，也比不上牠脖子的長度啊！

答案在第152頁

長長的脖子很厲害，牠就是馬門溪龍！

3 不同之處有 7 個
★中等★

頭部好巨大啊！
牛角龍

小知識

牛角龍雖然跟三角龍很相似，但頭盾邊緣的形狀並不相同啊。

牛角龍 Torosaurus

攻擊力
速度
防禦力
體型

草食性

在恐龍之中，牠的頭部是最大的啊！

牛角龍的頭顱骨長達3米，比一度門更高！

答案在第152頁

大大的頭很厲害，牠就是牛角龍！

4 不同之處有7個
★中等★

趾爪好長啊！
鐮刀龍

小知識　專家推斷，鐮刀龍能用鐮刀般的巨爪抓取樹枝或樹葉！

鐮刀龍 Therizinosaurus

草食性

牠的特徵是前肢上極長的趾爪啊！

攻擊力
體型
速度
防禦力

鐮刀龍那些像鐮刀般的趾爪，竟然有一米那麼長啊！

答案在第152頁

長長的趾爪很厲害，牠就是鐮刀龍！

5 不同之處有8個
★困難★

好華麗的角啊！

華麗角龍

小知識 牠的頭盾用途多多，既能讓身體看起來更巨大，亦能用作調節體溫。

右圖跟左圖是左右相反的！

華麗角龍

Kosmoceratops

草食性

攻擊力
速度
防禦力
體型

牠的特徵是華麗又矚目的頭盾！

牠的頭盾邊緣排列了整齊的尖角，十分威武呢！

答案在第152頁

華麗尖角很厲害，牠就是華麗角龍！

6 不同之處有4個

★困難★

誰是最厲害？驚奇恐龍調查隊！

始盜龍

最古老的恐龍！

始盜龍 Eoraptor

攻擊力
速度
防禦力
體型

雜食性

牠是最早期的恐龍之一。

始盜龍活在距今2億3千萬年前啊！那時候是三疊紀！

小知識 始盜龍的身體長約1米，並以兩隻後肢步行。

下圖分成了3塊，並以不同的次序排列着啊！

答案在第152頁

7 要找的東西有7個
★中等★

竟然這樣小巧？

耀龍 皖南龍

請從右圖找出這7個東西！

小知識 耀龍的構造雖然接近鳥類，但牠並不會飛啊。

耀龍 Epidexipteryx

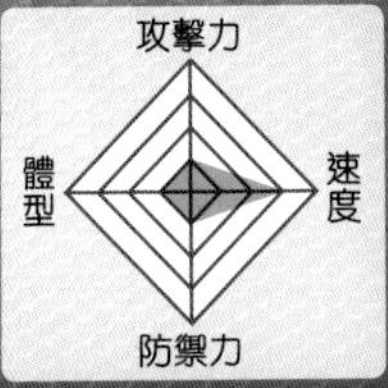

牠的身體只有約
25 厘米長！

皖南龍 Wannanosaurus

牠的化石在中國
安徽省發現，只
有 60 厘米！

答案在第153頁

身型細小很厲害，牠就是耀龍！

8 迷宮

★中等★

傷齒龍

逃出黑暗的洞穴！

小知識　傷齒龍雙眼很大，就算在黑暗的環境下也能看得很清楚！

傷齒龍 Troodon

牠的腦袋與身體的相對大小比例非常大啊！

迷宮的遊玩方法

依照傷齒龍眼睛所看的方向前進，你能穿過洞穴到達終點嗎？

答案在第153頁

視力超好很厲害，牠就是傷齒龍！

驚奇意外！大問答

凸出的前齒、超長的脖子、超長的趾爪、
很多恐龍都長有厲害的特徵啊！

那就來考考你！

以下這恐龍哪方面的特徵最厲害呢？

① 尖牙　② 長脖子　③ 大頭　④ 長趾爪　⑤ 長角

驚奇意外！附加問題

這些東西在哪裏出現過？

小提示：範圍是第60頁至第75頁之間

答案在第153頁

第5章

驚心動魄！恐龍大鬧城市！

大事不妙！

有一羣恐龍來到城市裏搗亂啊！為了抓住肆虐的恐龍，恐龍捕獲部隊現在要出動了！

恐龍捕獲部隊

1 不同之處有5個
★容易★

一口就能咬碎汽車？

暴龍

小知識

暴龍的嗅覺靈敏，獵物就算身處很遠的地方，牠也能用鼻子分辨出來！

暴龍 Tyrannosaurus
肉食性
攻擊力
速度
防禦力
體型
牠的咬噬力非常強勁啊！

我們盡全力踩單車，或有機會逃離暴龍的追捕啊！

答案在第153頁

暴龍的身體約有 13 米長啊！

2 不同之處有5個
★容易★

波塞東龍

來到大廈找食物？

小知識　波塞東龍的前肢比後肢更長啊！

草食性

牠的脖子好長，會把頭部伸到好高！

波塞東龍
Sauroposeidon

攻擊力
體型
速度
防禦力

放心！波塞東龍是草食性的，應該不會吃人類的。

答案在第153頁

波塞東龍的身體約有30米長啊！

3 不同之處有6個
★中等★

超級市場大混亂！

迅猛龍

小知識　迅猛龍的前肢上長滿大大的羽毛啊！

迅猛龍 Velociraptor
攻擊力
體型
速度
防禦力
肉食性
牠後肢上的趾爪
可以用作武器！
迅猛龍雖然
身型不大，
但性情卻很
兇惡啊！

答案在第154頁

迅猛龍的身體約有 180 厘米長！

4 不同之處有6個

★中等★

驚心動魄！恐龍大鬧城市！

馬普龍

聯羣結黨進行狩獵？

馬普龍 Mapusaurus

攻擊力
速度
防禦力
體型

肉食性

牠是大型肉食恐龍，是異特龍的近親。

未成年的馬普龍好像也會一起參與獵食啊！

小知識

專家推斷未成年的馬普龍會共同行動，是因為他們發掘出來的不同大小個體的化石，均是從同一個地方挖掘出來。

答案在第154頁

馬普龍的身體約有 13 米長啊！

5 不同之處有6個
★困難★

不要把牠當成雞啊！

偷蛋龍

小知識 專家後來推斷，偷蛋龍其實不是偷蛋，而是在巢中為蛋保暖啊。

右圖分成4塊，並以不同次序排列起來了。

雜食性

偷蛋龍 Oviraptor

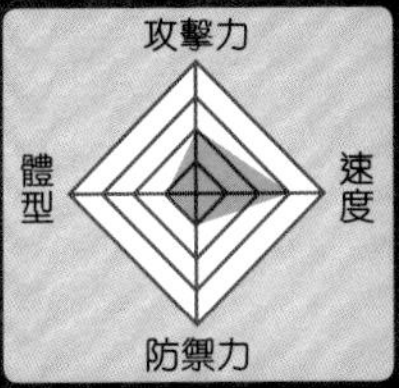
攻擊力
速度
防禦力
體型

牠的特徵是前肢和尾巴都有大羽毛！

偷蛋龍的頭冠上有羽毛，看起來就像巨型的雞！

答案在第154頁

偷蛋龍的身體約有 150 厘米長！

6 不同之處有8個
★困難★

牠來釣魚船獵食？

薄片龍

小知識

薄片龍長長的脖子，曾被誤認為是尾巴！

右圖跟左圖是左右相反的！

薄片龍 Elasmosaurus

牠是在海中生存的大型蛇頸龍啊！

薄片龍單單是脖子的長度，已超過身長的一半了！

薄片龍的身體約有 14 米長！

7 要找的東西有7個

★中等★

車站月台被牠獨佔了！

超龍

請從右圖找出這7個東西！

小知識 超龍的牙齒像鉛筆那樣筆直，並生長在下頜較前的位置。

超龍 Supersaurus
草食性
攻擊力
速度
防禦力
體型
牠的脖子和尾巴特長，是體型最大的恐龍！
超龍的尾巴像鞭子一般細長，也是牠的武器啊！

下一站
上一站

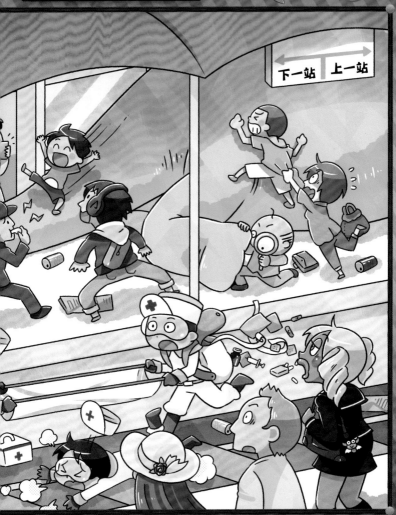

答案在第154頁

超龍的身體約有 34 米長！

8 迷宮
★中等★

哥斯拉龍

你能把所有肉塊吃掉嗎？

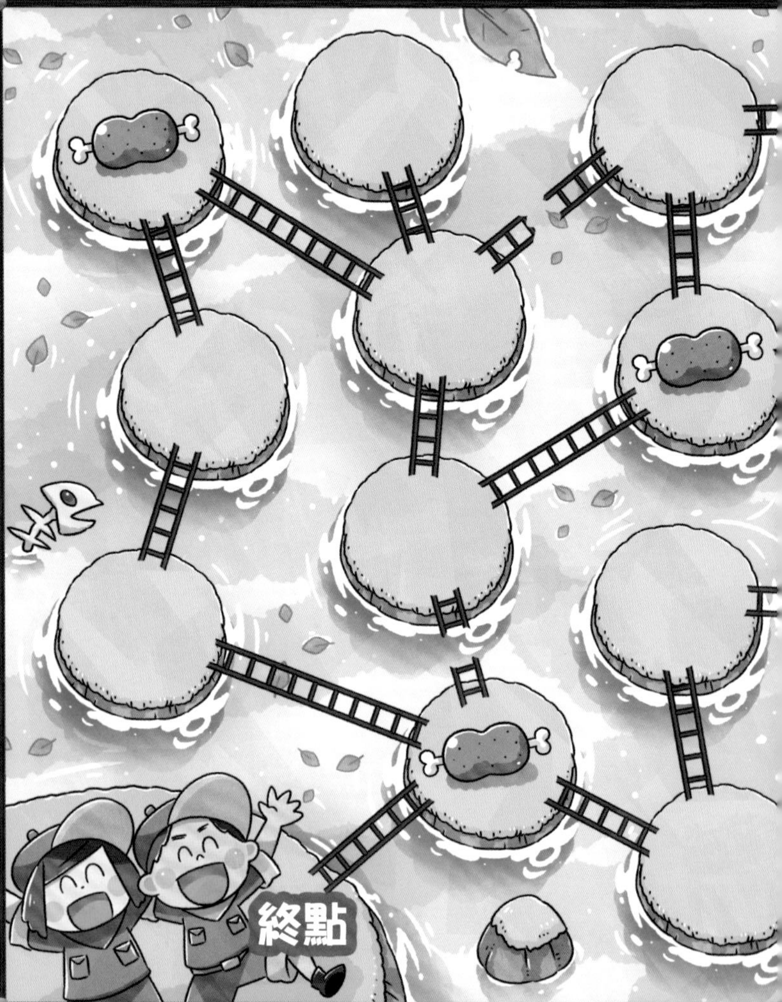

小知識

這頭哥斯拉龍的名字來自科幻電影《哥斯拉》。不過電影中的斯拉是虛構的，而且類型也不相同，牠們只是名字相似啊！

哥斯拉龍
Gojirasaurus

牠的特徵是頭冠和修長的身體！

迷宮的遊玩方法

要吃掉每個小島上的肉塊，並向終點前進。同一條橋不能走兩次啊！

答案在第155頁

哥斯拉龍的身體約有 6 米長！

驚心動魄！
大問答

在恐龍捕獲部隊的努力下，終於把在城市中搗亂的恐龍都制伏了！

你記得這隻恐龍的名字嗎？

請從以下3項中選擇吧！

1 迅猛龍

2 威猛龍

3 速龍

驚心動魄！附加問題

這些東西在哪裏出現過？

小提示：範圍是第78頁至第93頁之間

答案在第154頁

第6章

興奮不已！
恐龍暢遊城市！

還有很多恐龍在城市中出現了，但牠們並非全部都是來搗亂的。

大家快來這裏集合，跟恐龍一起玩耍吧！

1 不同之處有5個
★容易★

跟無齒翼龍一起在空中歷險！

小知識

跟很多動物一樣，雄性的無齒翼龍的頭冠比雌性的大得多啊！

無齒翼龍 Pteranodon

肉食性

攻擊力
體型
速度
防禦力

牠在翼龍類之中，是相當著名的！

無齒翼龍生活在海邊，並以魚類為食物啊！

答案在第155頁

無齒翼龍的身體約有 6 米長！

2 不同之處有5個 ★容易★

慈母龍

無微不至的育兒法！

小知識

慈母龍的牙齒在磨損後會掉落，並會從下面長出新的牙齒作替換！

草食性

慈母龍 Maiasaura

攻擊力
體型
速度
防禦力

牠們會築巢，並羣居來養育幼龍！

慈母龍媽媽會把糧食帶到孩子身邊，讓牠們進食啊！

答案在第155頁

慈母龍的身體約有9米長！

3 不同之處有7個
★中等★

副櫛龍的愉快大合奏！

小知識 副櫛龍的頭冠其實是一道細長的鼻腔，接着鼻孔的啊！

副櫛龍
Parasaurolophus

草食性

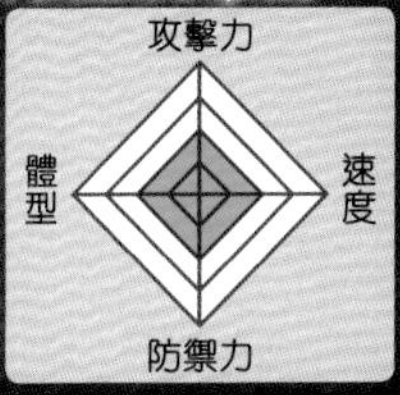
攻擊力
速度
防禦力
體型

牠的頭冠很長，從頭部一直延向後方！

專家推斷，副櫛龍可以從頭冠中發出像喇叭般的聲音啊！

答案在第155頁

副櫛龍的身體約有 10 米長！

4 不同之處有8個
★困難★

興奮不已！恐龍暢遊城市！

大家一起替南翼龍刷牙吧！

南翼龍 Pterodaustro

攻擊力
速度
防禦力
體型

肉食性

牠是一種能捕食極細小微生物的翼龍。

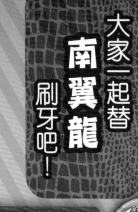

南翼龍有多達 1,000 顆牙齒啊！

小知識　南翼龍的下顎長滿了一排排像針一樣的牙齒啊！

上圖跟下圖是上下倒轉的！

答案在第155頁

南翼龍的身體約有 250 厘米長！

5 不同之處有 12 個
★困難★

小盜龍
跟烏鴉真的是同類嗎？

小知識

小盜龍能夠像鳥類一樣拍動翅膀飛行，牠的外表雖然像鳥，但其實是恐龍的同類。

小盜龍 Microraptor

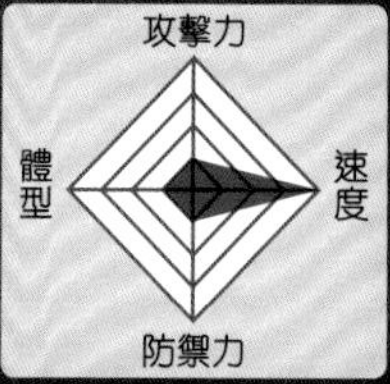

牠的羽毛會隨着光的角度而變色。

小盜龍的化石是在中國遼寧省被發現的啊！

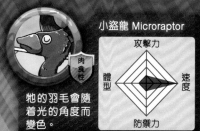

答案在第156頁

小盜龍的身體約有 90 厘米長！

6 不同之處有6個 ★困難★

劍龍跟你在植物園捉迷藏！

小知識 劍龍背上的骨板用途很多，既能夠嚇退敵人，也可以調整體溫。

右面的圖畫分成 4 塊，並以不同次序排列起來了。

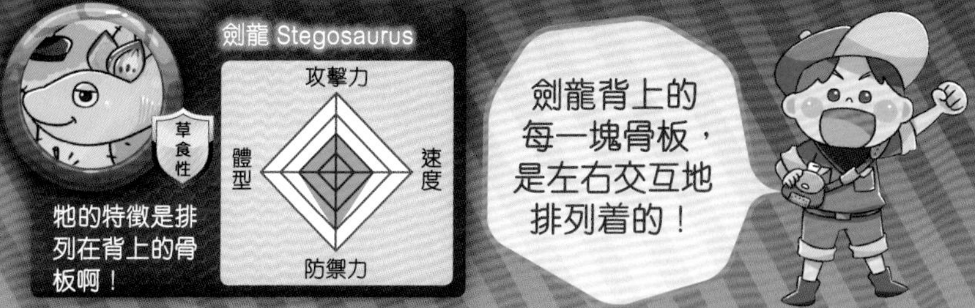
劍龍 Stegosaurus
草食性
攻擊力
體型
速度
防禦力
牠的特徵是排列在背上的骨板啊！
劍龍背上的每一塊骨板，是左右交互地排列着的！

答案在第156頁

劍龍的身體約有 9 米長！

7 要找的東西有8個

★中等★

三角龍的恐龍博物館！

請從右圖找出這8個東西！

小知識

三角龍一族的發展非常繁盛，由亞洲大陸遠至美洲大陸也發現過牠們的化石啊！

草食性

三角龍 Triceratops

攻擊力
速度
防禦力
體型

牠的特徵是頭盾和頭上三根角！

除了三角龍之外，還有很多恐龍都長有頭盾啊！

答案在第156頁

三角龍的身體約有 9 米長！

8 迷宮

★困難★

你能收集果實回家嗎？

鸚鵡嘴龍

小知識

鸚鵡嘴龍的嘴就像鸚鵡的鳥喙，而且尾巴也長有羽毛。中國多個地方也曾發現過鸚鵡嘴龍的化石。

鸚鵡嘴龍

Psittacosaurus

牠的特徵是兩邊臉頰上突出的尖角！

迷宮的遊玩方法

逐步前進，而且每一步要增加一個果實。一邊數着 1、2、3、4、5……一邊往終點走吧！

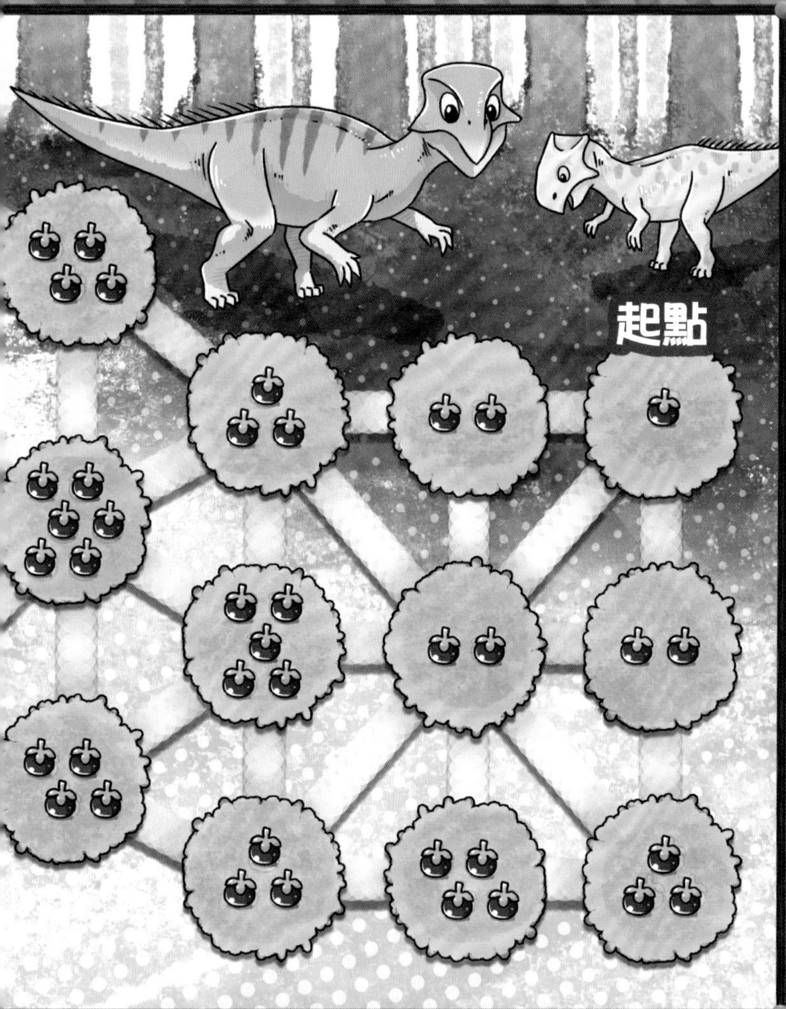

答案在第156頁

鸚鵡嘴龍的身體約有 180 厘米長！

興奮不已！大問答

大家跟恐龍一起玩得很開心吧？

那麼你記得下面這位恐龍朋友叫什麼名字嗎？

請從以下3項中選擇吧。

1. 富有龍
2. 副櫛龍
3. 喇叭龍

興奮不已！附加問題

這些東西在哪裏出現過？

小提示：範圍是第96頁至第111頁之間

答案在第156頁

第7章

兩強對決！恐龍王者大決戰！

決賽第1輪

16名實力超強、成功晉身決賽的恐龍選手，從遠古的恐龍時代集合到未來世界！

「恐龍王者大決戰」要開戰了！

恐龍大戰專家團隊

1 不同之處有 6 個

★中等★

誰勝誰負？

異特龍 VS 暴龍

小知識 在全世界所有大陸都發現到異特龍近親的化石啊！

異特龍 Allosaurus

肉食性

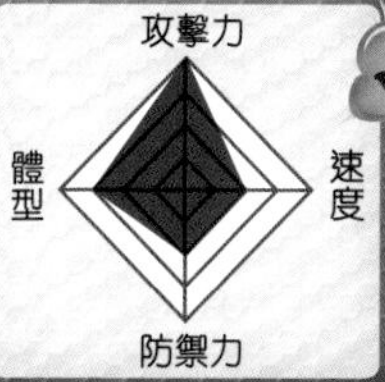

牠的特徵是雙眼上面的突起部分。

暴龍 Tyrannosaurus

肉食性

牠的咬噬能力非常強勁啊！

答案在第157頁

大戰的勝利者是暴龍！

2 不同之處有 6 個
★中等★

恐爪龍 VS 冰脊龍

誰勝誰負？

小知識　恐爪龍後肢的趾爪呈曲線，而且可以縮起啊！

恐爪龍 Deinonychus

牠的腳上有很尖銳的趾爪！

VS

冰脊龍 Cryolophosaurus

牠的特徵是頭上扇狀的頭冠！

答案在第157頁

大戰的勝利者是恐爪龍！

3 不同之處有 7 個
★中等★

誰勝誰負？

劍龍 VS 長頸巨龍

小知識 劍龍的喉部有像小石子般的鎧甲保護着啊！

劍龍 Stegosaurus

草食性

攻擊力
體型
速度
防禦力

牠背上有一列巨大骨板，尾巴有尖刺！

VS

長頸巨龍 Giraffatitan

草食性

攻擊力
體型
速度
防禦力

牠的脖子好長，會把頭部伸到好高！

答案在第157頁

大戰的勝利者是長頸巨龍！

4 不同之處有7個

★中等★

南方巨獸龍 VS 風神翼龍

誰勝誰負？

小知識 南方巨獸龍的頭顱骨比暴龍的更修長啊！

南方巨獸龍
Giganotosaurus

肉食性

牠的特徵是鼻子和眼睛上面凹凸不平。

VS

風神翼龍
Quetzalcoatlus

肉食性

牠是體型最大的翼龍之一！

答案在第157頁

大戰的勝利者是[redacted]！

5 不同之處有8個
★困難★

決賽第 1 輪

兩強對決！
恐龍王者大決戰！

誰勝誰負？

加斯頓龍 VS 三角龍

三角龍 Triceratops

攻擊力
體型
速度
防禦力

草食性

牠會運用頭上三隻大角對抗敵人啊！

VS

加斯頓龍 Gastonia

攻擊力
體型
速度
防禦力

草食性

背上和肩上的巨大尖刺可以保護身體！

小知識

發現到三角龍化石的地方，就只有現今的北美大陸啊！

下圖分成了 3 塊，並以不同的次序排列着啊！

答案在第156頁

大戰的勝利者是三角龍！

6 要找的東西有7個

★中等★

誰勝誰負？

昆卡獵龍 VS 鯊齒龍

請從右圖找出這7個東西！

小知識　有說法指出，昆卡獵龍的前肢上是長有羽毛的。

昆卡獵龍
Concavenator

攻擊力
體型
速度
防禦力

肉食性

牠的特徵是臀部上面的突起部分！

鯊齒龍
Carcharodontosaurus

攻擊力
體型
速度
防禦力

肉食性

牠臉上面的部分位置是凹凸不平的。

答案在第158頁

大戰的勝利者是鯊齒龍！

7 不同之處有 8 個
★困難★

甲龍 VS 阿根廷龍

誰勝誰負？

小知識

甲龍會揮動尾巴末端的棒鎚去保護自己！

右圖跟左圖是左右相反的！

甲龍 Ankylosaurus

草食性

攻擊力
體型
速度
防禦力

牠全身都有堅硬的鎧甲覆蓋着！

VS

阿根廷龍 Argentinosaurus

草食性

攻擊力
體型
速度
防禦力

牠是其中一種體型最大的恐龍！

答案在第158頁

大戰的勝利者是阿根廷龍！

8 不同之處有 8 個
★困難★

誰勝誰負？

滄龍 VS 棘龍

小知識

棘龍的後肢有蹼，而臉和牙齒的形狀跟鱷魚很相似啊！

右圖分成 6 塊，並以不同次序排列起來了。

滄龍 Mosasaurus

肉食性

攻擊力
體型
速度
防禦力

牠是蜥蜴的近親，但在海洋中生活。

VS

棘龍 Spinosaurus

攻擊力
體型
速度
防禦力

肉食性

牠背上長有巨大的背帆啊！

答案在第158頁

大戰的勝利者是棘龍！

恐龍大戰
大問答

能夠出線恐龍王者大決戰的最後 8 強，

就是以下恐龍！

咦？但是有一頭恐龍的顏色弄錯了！

你能找出是哪一頭恐龍嗎？

恐龍大戰
附加問題

這些東西在哪裏出現過？

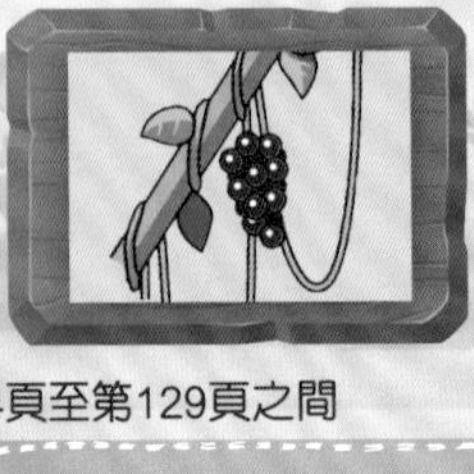

小提示：範圍是第114頁至第129頁之間

答案在第158頁

第 8 章

分出高下！恐龍王者誕生了！

決賽第 2 輪

經過連場大戰，恐龍選手最後 8 強終於出現！恐龍王者即將從這 8 名強者中誕生！

最強的恐龍王者寶座，到底花落誰家？

恐龍大戰專家團隊

1 不同之處有 6 個
★中等★

暴龍 vs 恐爪龍

誰勝誰負？

小知識

暴龍的英文是「Tyrannosaurus」。「Tyranno」是「暴君」的意思，而「saurus」是「蜥蜴」的意思。

暴龍 Tyrannosaurus

肉食性

攻擊力
體型
速度
防禦力

牠的咬噬力非常強勁啊！

VS

恐爪龍 Deinonychus

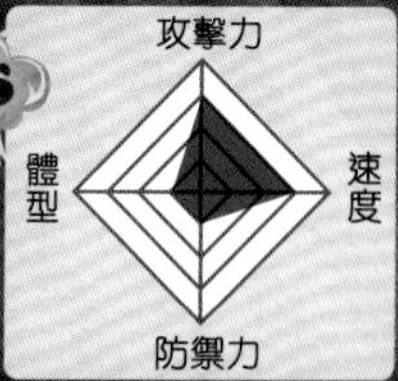

攻擊力
體型
速度
防禦力

肉食性

牠的腳上有很尖銳的趾爪！

答案在第158頁

大戰的勝利者是暴龍！

2 不同之處有 7 個
★中等★

誰勝誰負？

長頸巨龍 VS 南方巨獸龍

小知識

長頸巨龍的英文是「Giraffatitan」，「Giraffa」來自長頸鹿(Giraffe)，整個名字的意思就是「巨大的長頸鹿」！

長頸巨龍 Giraffatitan

草食性

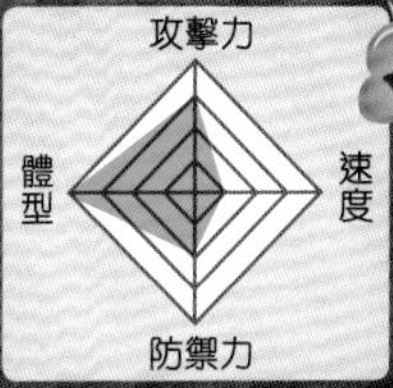
攻擊力
體型
速度
防禦力

牠的脖子好長，會把頭部伸到好高！

南方巨獸龍 Giganotosaurus

肉食性

攻擊力
體型
速度
防禦力

牠的腳上有很尖銳的趾爪！

答案在第158頁

大戰的勝利者是長頸巨龍！

3 不同之處有 8 個
★困難★

三角龍 vs 鯊齒龍

誰勝誰負？

小知識

三角龍雙眼上的兩根大角，長度足足有 1 米啊！

你能找出右面相片中的 8 個不同之處嗎？

三角龍 Triceratops

草食性

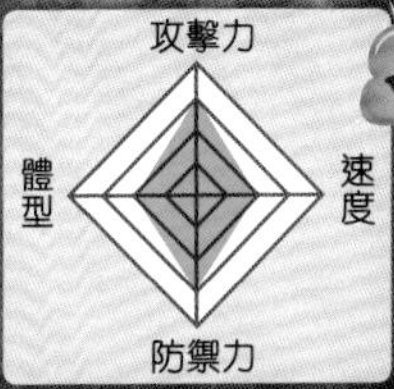

牠會運用頭上三隻大角對抗敵人啊！

VS

鯊齒龍 Carcharodontosaurus

肉食性

牠臉上面的部分位置是凹凸不平的。

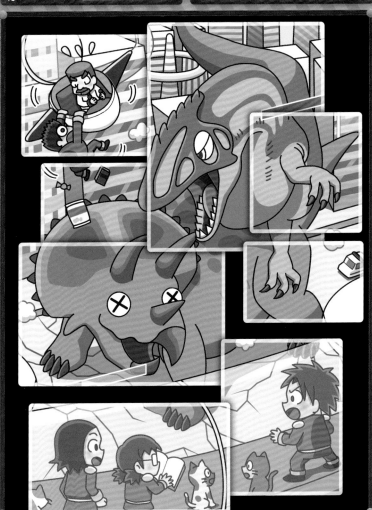

答案在第159頁

大戰的勝利者是鯊齒龍！

4 不同之處有 10 個

★困難★

誰勝誰負？

阿根廷龍 VS 棘龍

小知識 阿根廷龍的步行速度，比人類還要快啊！

阿根廷龍
Argentinosaurus

草食性

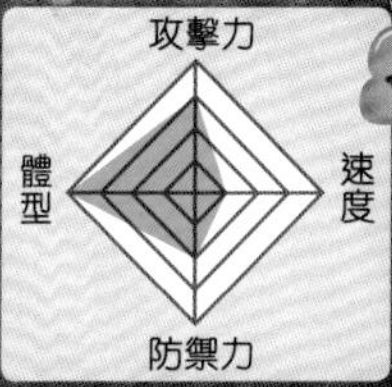

牠是其中一種體型最大的恐龍！

VS

棘龍 Spinosaurus

肉食性

牠背上長有巨大的背帆啊！

答案在第159頁

大戰的勝利者是[redacted]！

5 不同之處有5個 ★困難★

試找出下圖影子形狀跟上圖不一樣的地方！

分出高下！ 決賽第 2 輪

恐龍王者誕生了！

誰勝誰負？

長頸巨龍 VS 暴龍

暴龍 Tyrannosaurus

肉食性

牠的咬噬能力非常強勁啊！

VS

長頸巨龍 Giraffatitan

草食性

牠的脖子好長，會把頭部伸到好高！

小知識 有說法指出，年幼的暴龍寶寶是長有羽毛的啊！

答案在第159頁

大戰的勝利者是暴龍！

6 不同之處有 10 個
★困難★

鯊齒龍 vs 棘龍

誰勝誰負？

小知識 肉食性恐龍之中，體型最大的就是棘龍了！

右圖跟左圖是左右相反的！

鯊齒龍
Carcharodontosaurus

肉食性

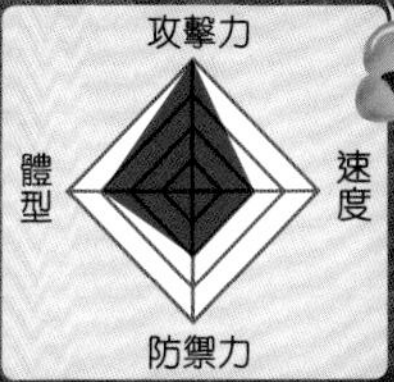

攻擊力
體型
速度
防禦力

牠臉上面的部分位置是凹凸不平的。

VS

棘龍 Spinosaurus

攻擊力
體型
速度
防禦力

肉食性

牠背上長有巨大的背帆啊！

答案在第159頁

大戰的勝利者是[redacted]！

7 要找的東西有8個

★中等★

暴龍 VS 棘龍

誰勝誰負？

請從右圖找出這8個東西！

小知識

棘龍的體型雖然比暴龍還要大，但咬噬力始終是暴龍更勝一籌啊！

答案在第159頁

恐龍王者誕生了！牠就是暴龍！

恐龍王者大決戰
結果揭曉！

最強的恐龍王者……

實至名歸，就是——暴龍！

KING
暴龍得勝的原因，正是其無可匹敵的咬噬能力啊！

恐龍大戰
附加問題

這些東西在哪裏出現過？

小提示：範圍是第132頁至145頁之間

答案在第159頁

答案頁

- 找不同和找找看的答案以○標示。
- 迷宮答案以顏色線標示。

第1章 1

第1章 2

第1章 3

第1章 4 第12~13頁

第14~15頁 第1章 5

第1章 6

第16~17頁

第18~19頁

第1章 7

第1章 8

第1章 附加問題

第22頁

在第14或15頁

在第16頁

第2章 1

第2章 2

第 26~27 頁

第2章 3

第 28~29 頁

第2章 4

第30~31頁

第32~33頁

第2章 5

第2章 6

第34~35頁

第36~37頁

第2章 7

第2章 8 第38~39頁

第2章 附加問題 第40頁

在第26或27頁　在第38頁

第3章 1 第42~43頁

第3章 2 第44~45頁

第3章 3 第46~47頁

第3章 4 第48~49頁

第3章 5

第50~51頁

第52~53頁

第3章 6

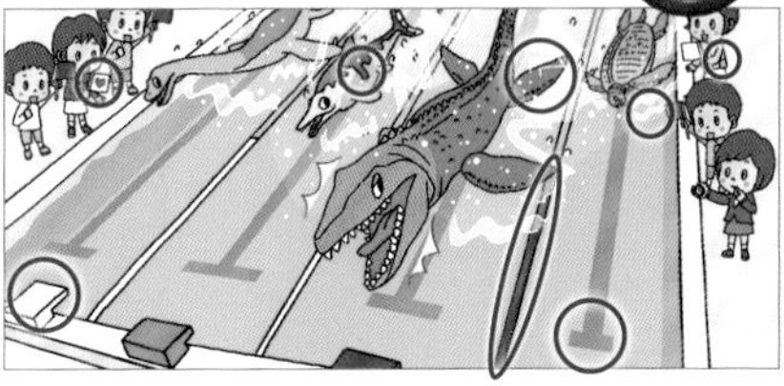

第3章 7

第54~55頁

第3章 附加問題

第58頁

4 鎧甲

在第50頁

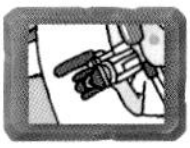

在第54頁

第3章 8

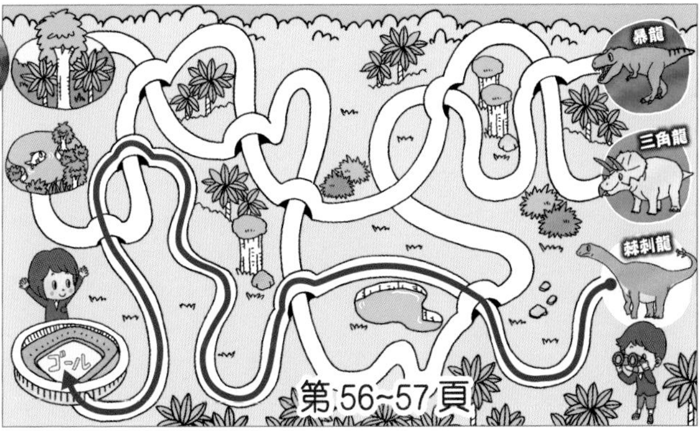

第56~57頁

第4章 1

第60~61頁

第4章 2

第62~63頁

第4章 3

第4章 4

第4章 5

第68~69頁

第4章 6

第70~71頁

第4章 7

第72~73頁

第4章 附加問題

第76頁

1 尖牙　2 長脖子　3 大頭　4 長趾爪　5 長角

3 大頭

在第66或67頁

在第70或71頁

第4章 8

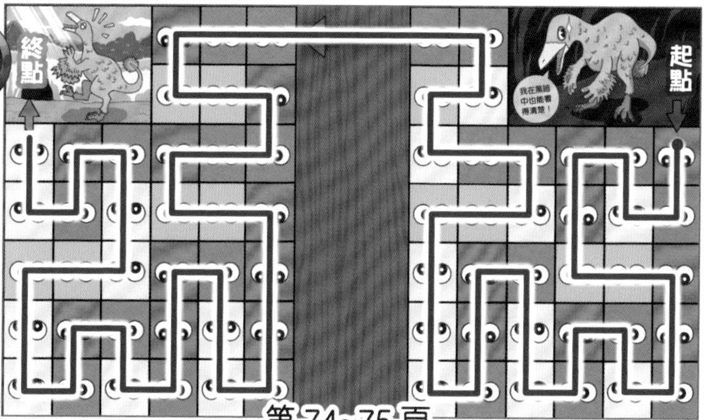

第74~75頁

第5章 1

第78~79頁

第5章 2

第80~81頁

第5章 3

第82~83頁

第5章 4

第84~85頁

第5章 5

第86~87頁

第5章 6

第88~89頁

第5章 7

第90~91頁

第5章 附加問題

第94頁

1 迅猛龍

在第80或81頁

在第88頁

第5章 8

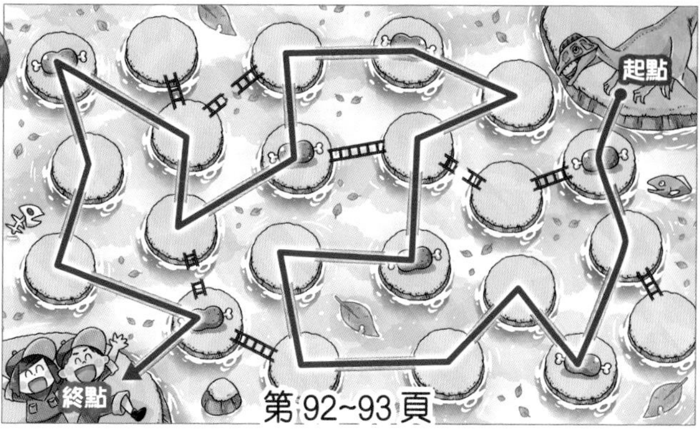

第92~93頁

第6章 1

第96~97頁

第6章 2

第98~99頁

第6章 3

第100~101頁

第6章 4

第102~103頁

第6章 5

第6章 6

第6章 7

第108~109頁

第6章 附加問題

第112頁

② 副櫛龍

在第103頁　在第108頁

第6章 8

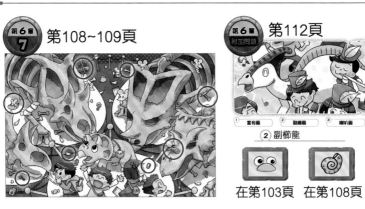

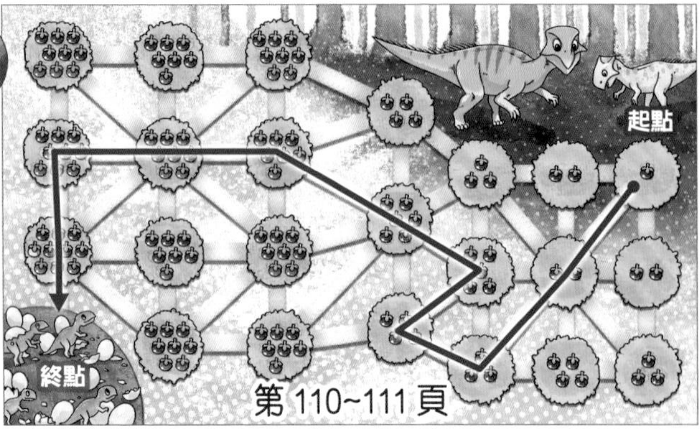

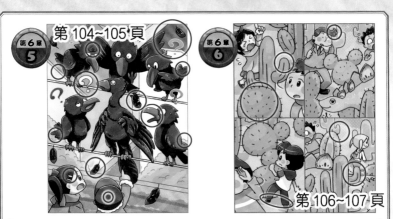

第7章
1

第7章
2

第7章
3

第7章
4

第7章
5

第122~123頁

第7章 6

第124~125頁

第7章 附加問題

第130頁

在第118或119頁

在第125頁

第7章 7

第7章 8

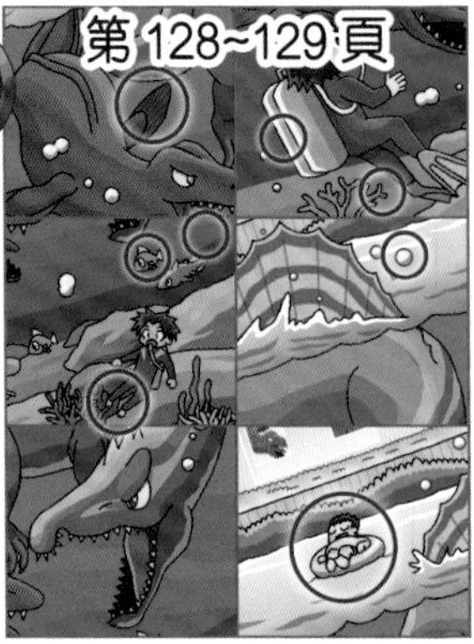

第8章 1

第8章 2

第8章 3
第136~137頁

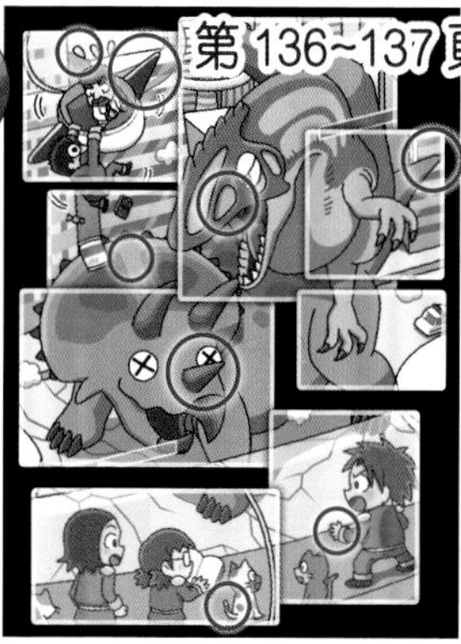

第8章 4
第138~139頁

第8章 5
第140~141頁

第8章 6
第142~143頁

第8章 7
第144~145頁

第8章 附加問題
第146頁

在第136頁

在第138頁

思維遊戲大挑戰

恐龍大激戰 日本腦力遊戲書

作　者：朝日新聞出版
繪　圖：Sugano Yasunori（第1、2章）、Gami（第3章）、
早川大介（第4章）、青木健太郎（第5、6章）、
笠原Hirohito（第7、8章）
翻　譯：黃　耶
責任編輯：黃楚雨
美術設計：張思婷
出　版：新雅文化事業有限公司
香港英皇道499號北角工業大廈18樓
電話：(852) 2138 7998
傳真：(852) 2597 4003
網址：http://www.sunya.com.hk
電郵：marketing@sunya.com.hk
發　行：香港聯合書刊物流有限公司
香港荃灣德士古道220-248號荃灣工業中心16樓
電話：(852) 2150 2100
傳真：(852) 2407 3062
電郵：info@suplogistics.com.hk
印　刷：中華商務彩色印刷有限公司
香港新界大埔汀麗路36號
版　次：二〇二二年三月初版
二〇二四年七月第三次印刷

ISBN: 978-962-08-7953-1

18/F, North Point Industrial Building, 499 King's Road, Hong Kong
Published in Hong Kong SAR, China
Printed in China